ISBN 978-3-662-24498-2 ISBN 978-3-662-26642-7 (eBook)
DOI 10.1007/978-3-662-26642-7

Beitrag zur Berechnung von Translationsschalen

von der Fakultät für Bauwesen
der Technischen Hochschule Hannover
zur Erlangung des Grades Doktor-Ingenieur
genehmigte Dissertation

von

Dipl.-Ing. Goswin M i t t e l m a n n
aus Frankfurt am Main

1958

Referent: Professor Dr.-Ing. Zerna
Korreferent: Professor Dr.-Ing. Pflüger
Tag der Promotion: 18. Juni 1957

Sonderabdruck aus
„Ingenieur-Archiv", 26. Band, 4. Heft, 1958, S. 288—301

Springer-Verlag · Berlin / Göttingen / Heidelberg

Beitrag zur Berechnung von Translationsschalen*

Von **G. Mittelmann**

* Dissertation der Technischen Hochschule Hannover. Referent: Professor Dr.-Ing. *Zerna*; Korreferent Professor Dr.-Ing. *Pflüger*.

1. Allgemeines. Eine Schale läßt sich bekanntlich als zweidimensionales Kontinuum auffassen, und dementsprechend werden auch der Spannungs- und Verformungszustand zweidimensional dargestellt. Mit Hilfe der Tensorrechnung in der Schreibweise des Ricci-Kalküls, ohne den man heute bei der Untersuchung solcher Probleme nicht mehr auskommt, ist es möglich, die Gleichgewichtsbedingungen und die Spannungs- und Verzerrungsgleichungen in allgemeiner Form exakt aufzustellen. Die praktische Lösung wird aber auf diesem Wege äußerst schwierig und ist nicht durchführbar. Es müssen daher Näherungen eingeführt werden. Dies gilt auch für die Berechnung der Translationsschale.

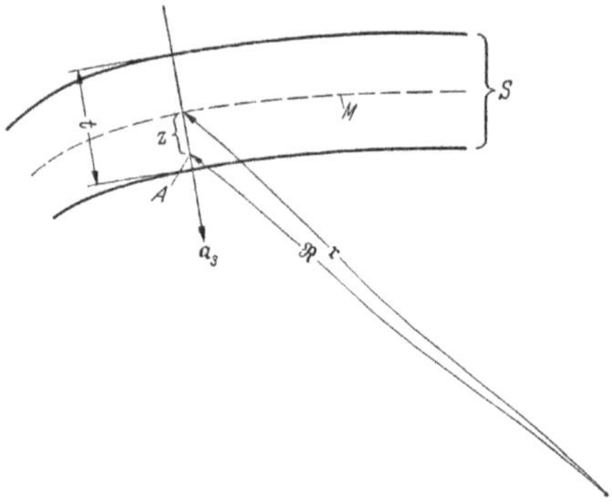

Abb. 1. Geometrische Beziehungen.

Es werde ein im allgemeinen schiefwinkliges Koordinatennetz in die Mittelfläche M der Schale S gelegt. Mit den beiden krummlinigen Koordinaten Θ_1 und Θ_2, sowie der Koordinate Θ_3 in Richtung der Normalen zur Schalenmittelfläche M läßt sich der Ortsvektor $\mathfrak{R}$ eines beliebigen Schalenpunktes A wie folgt ausdrücken (Abb. 1):

$$\mathfrak{R} = \mathfrak{r} + z \cdot \mathfrak{a}_3 . \tag{1}$$

Hierbei sind $\mathfrak{r} = \mathfrak{r}_{(\Theta_1, \Theta_2)}$ der Ortsvektor eines Punktes der Schalenmittelfläche M, ferner $z = t\,\Theta_3$ der Abstand eines Punktes A der Schale S von der Schalenmittelfläche M in Richtung der Normalen (Θ_3 läuft demnach von $-0{,}5$ bis $+0{,}5$). Weiter ist t die Dicke der Schale S in jedem Punkt, ebenfalls in Richtung der Normalen und $\mathfrak{a}_3 = \mathfrak{a}_{3(\Theta_1, \Theta_2)}$ der Normalenvektor der Schalenmittelfläche M.

Die metrischen Fundamentalgrößen (kovariant) g_{ik} der Schale S lauten[1]:

$$\left.\begin{aligned} g_{\alpha\beta} &= a_{\alpha\beta} - 2\,t\,\Theta_3\,b_{\alpha\beta} + (t)^2\,(\Theta_3)^2\,c_{\alpha\beta}\,, \\ g_{\alpha 3} &= 0\,, \\ g_{33} &= (t)^2\,. \end{aligned}\right\} \tag{2}$$

Darin bedeuten $a_{\alpha\beta}$ Koeffizienten der ersten Fundamentalform der Mittelfläche M oder kovariante Maßzahlen des Maßtensors, $b_{\alpha\beta}$ Koeffizienten der zweiten Fundamentalform der Mittelfläche M oder kovariante Maßzahlen des Krümmungstensors, $c_{\alpha\beta}$ Koeffizienten der dritten Fundamentalform der Mittelfläche M.

Es interessiert zunächst die Geometrie der Schalenmittelfläche M (zweidimensional). Die oben angegebenen Koeffizienten der entsprechenden Fundamentalformen lassen sich mit Hilfe des Ortsvektors $\mathfrak{r}$ für die Mittelfläche wie folgt berechnen: Mit Hilfe der kovarianten Basisvektoren der Mittelfläche

$$\mathfrak{a}_\alpha = \frac{\partial \mathfrak{r}}{\partial \Theta_\alpha} \tag{3}$$

erhält man

$$a_{\alpha\beta} = \mathfrak{a}_\alpha \cdot \mathfrak{a}_\beta\,. \tag{4}$$

Außerdem gilt

$$b_{\alpha\beta} = -\,\mathfrak{a}_\alpha \frac{\partial \mathfrak{a}_3}{\partial \Theta_\beta} = +\frac{\partial \mathfrak{a}_\alpha}{\partial \Theta_\beta}\,\mathfrak{a}_3\,, \tag{5}$$

[1] Es werde vereinbart, daß lateinische Indizes die Zahlen 1, 2, 3 und griechische Indizes die Zahlen 1, 2 verkörpern. Weiter soll über doppelt auftretende gleiche Indizes summiert werden. Potenzexponenten werden durch Klammern abgetrennt, um eine Verwechslung mit obenstehenden Indizes zu vermeiden.

wobei

$$\mathfrak{a}_3 = \frac{1}{\sqrt{a}}(\mathfrak{a}_1 \times \mathfrak{a}_2) \tag{6}$$

mit

$$a = a_{11}\, a_{22} - (a_{12})^2 > 0 \tag{7}$$

ist. Von den kontravarianten Maßzahlen werden benötigt

$$a^{11} = \frac{a_{22}}{a}, \qquad a^{12} = -\frac{a_{12}}{a}, \qquad a^{22} = \frac{a_{11}}{a}. \tag{8}$$

Jedem Punkt des Raumes lassen sich Vektoren bzw. Tensoren zuordnen, die dann Feldvektoren oder Feldtensoren heißen. Erstere lassen sich ausdrücken durch die Form

$$\mathfrak{V} = V^i \cdot \mathfrak{a}_i = V_i \cdot \mathfrak{a}^i. \tag{9}$$

Daraus ist ersichtlich, daß die V^i bzw. V_i als Komponenten in Richtung der kovarianten Basis $\mathfrak{a}_i$ bzw. der kontravarianten Basis $\mathfrak{a}^i$ gedeutet werden können.

Die Schnittgrößen (also Normalkräfte) von Schalen werden als die Komponenten in Richtung der kovarianten Basis des in Frage kommenden Schnittgrößen-Tensors, bezogen auf die entsprechende Längeneinheit der Schalenmittelfläche, definiert.

Da die kovarianten Basisvektoren $\mathfrak{a}_i$ im allgemeinen keine Einheitsvektoren sind, muß Gleichung (9) durch den Betrag von $\mathfrak{a}_i$ dividiert werden. Für den auf die Längeneinheit bezogenen Wert werden kleine Buchstaben eingeführt. Phänomenologisch läßt sich schreiben

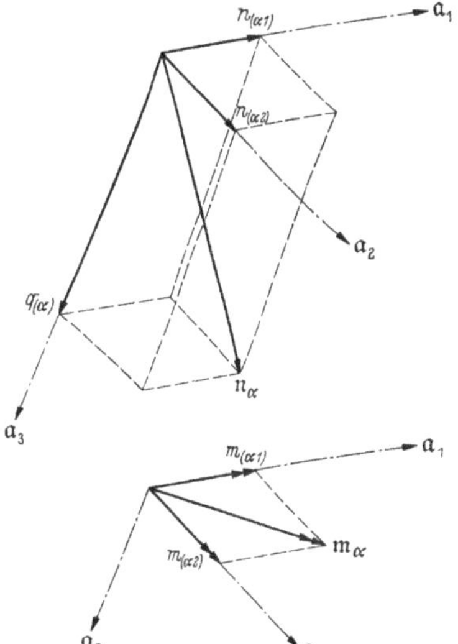

Abb. 2. Schnittgrößen in Richtung der kovarianten Basisvektoren.

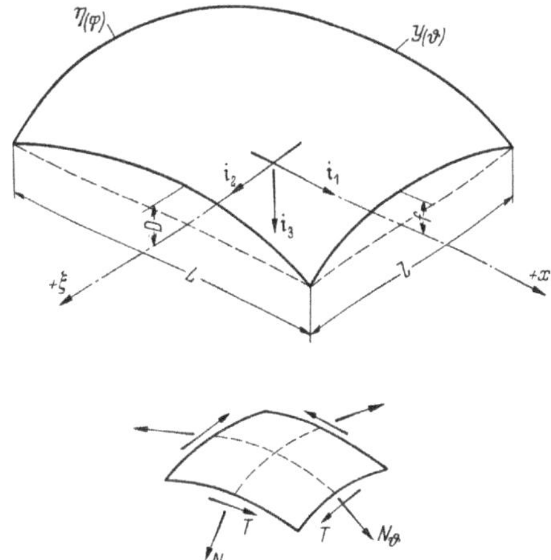

Abb. 3. Abmessungen der Translationsschale und Schnittkräfte am Schalenelement ($\vartheta = x/L$; $\varphi = \xi/l$).

$$\mathfrak{v} = v_{(i)} \cdot \frac{\mathfrak{a}_i}{\sqrt{a_{ii}}}. \tag{10}$$

Hierbei entsprechen die $v_{(i)}$ auf Grund der Definition den Schnittgrößen (Abb. 2).

Im folgenden soll über drei wesentliche Punkte berichtet werden: Ableitung und Lösung der Differentialgleichung für den Membranzustand, Verhältnisse in den Ecken und das Randstörungsproblem.

2. Membranzustand. Die Schnittkräfte des Membranzustandes werden am zeckmäßigsten über die von *Zerna*[1] angegebene Differentialgleichung ermittelt:

$$\mathfrak{a}_\alpha \frac{\partial N^{\beta\alpha}}{\partial \Theta_\beta} + \frac{\partial \mathfrak{a}_\alpha}{\partial \Theta_\varrho} N^{\alpha\varrho} + \mathfrak{p}\sqrt{a} = 0, \tag{11}$$

[1] *W. Zerna*, Ing.-Arch. 17 (1949), S. 149.

oder ausgeschrieben:

$$+\mathfrak{a}_1\frac{\partial N^{11}}{\partial\Theta_1}+\mathfrak{a}_1\frac{\partial N^{21}}{\partial\Theta_2}+\mathfrak{a}_2\frac{\partial N^{12}}{\partial\Theta_1}+\mathfrak{a}_2\frac{\partial N^{22}}{\partial\Theta_2}+\frac{\partial\mathfrak{a}_1}{\partial\Theta_1}N^{11}+\frac{\partial\mathfrak{a}_1}{\partial\Theta_2}N^{12}+\frac{\partial\mathfrak{a}_2}{\partial\Theta_1}N^{21}+\frac{\partial\mathfrak{a}_2}{\partial\Theta_2}N^{22}+\mathfrak{p}\cdot\sqrt{a}=0.$$

Aus den $N^{\alpha\beta}$ lassen sich die Schnittkräfte wie folgt ermitteln:

$$n_{(\alpha\beta)}=N^{\alpha\beta}\sqrt{\frac{a_{\beta\beta}}{a\,a^{\alpha\alpha}}},\tag{12}$$

oder ausgeschrieben:

$$n_{(11)}=N^{11}\sqrt{\frac{a_{11}}{a\,a^{11}}}=N^{11}\sqrt{\frac{a_{11}}{a_{22}}}=N_\vartheta,\qquad n_{(12)}=N^{12}\sqrt{\frac{a_{22}}{a\,a^{11}}}=N^{12}=T,$$

$$n_{(21)}=N^{21}\sqrt{\frac{a_{11}}{a\,a^{22}}}=N^{21}=T,\qquad n_{(22)}=N^{22}\sqrt{\frac{a_{22}}{a\,a^{22}}}=N^{22}\sqrt{\frac{a_{22}}{a_{11}}}=N_\varphi.$$

Analog gilt für den Belastungsvektor

$$\mathfrak{p}=p_1\,\mathfrak{i}_1+p_2\,\mathfrak{i}_2+p_3\,\mathfrak{i}_3,\qquad\text{wobei}\qquad\bar{p}_i=\sqrt{a}\,p_i.\tag{13}$$

Außerdem ist

$$N^{11}\equiv\bar{N}_\vartheta,\qquad N^{12}\equiv T,\qquad N^{22}\equiv\bar{N}_\varphi.\tag{14}$$

Nach Einsetzen der $\mathfrak{a}_\alpha$-Werte in Gleichung (11) und Multiplikation mit den einzelnen Vektoren ergeben sich unter Berücksichtigung der Bezeichnungsweise von Abb. 3 folgende Gleichgewichtsbedingungen:

$$\left.\begin{aligned}\bar{N}_\vartheta'+T^{\cdot}+\frac{\bar{p}_1}{L}&=0,\\ T'+\bar{N}_\varphi^{\cdot}+\frac{\bar{p}_2}{l}&=0,\\ y''\,\bar{N}_\vartheta+\eta^{\cdot\cdot}\,\bar{N}_\varphi-\frac{y'}{L}\bar{p}_1-\frac{\eta^{\cdot}}{l}\bar{p}_2+\bar{p}_3&=0.\end{aligned}\right\}\tag{15}$$

Ableitungen nach ϑ werden durch Striche, solche nach φ durch Punkte angezeigt.

Es werde vorausgesetzt, daß die beiden Querschnittskurven quadratische Parabeln sind. Außerdem werde dem Belastungsgesetz eine konstante Schalendicke t (in $\mathfrak{a}_3$-Richtung) zu Grunde gelegt; die sich daraus ergebende Belastung wirke nur in $\mathfrak{i}_3$-Richtung.

Es gilt demnach

$$t=\text{konst.},\qquad p_1=p_2=0,\qquad p_3=\frac{\sqrt{a}}{L\cdot l}p.\tag{16}$$

Hierbei ist p die Last bezogen auf die Flächeneinheit der Schalenfläche.

Die Gleichgewichtsbedingungen (15) lassen sich auf eine einzige Differentialgleichung für $\bar{N}_\vartheta$ zurückführen; diese lautet unter Berücksichtigung der eingeführten Vereinbarungen (16)

$$\Phi''+\frac{D}{f}\Phi^{\cdot\cdot}+2\frac{L}{l}p=0,\tag{17}$$

wobei

$$\bar{N}_\vartheta=8f\Phi\tag{18}$$

ist. Diese Differentialgleichung läßt sich geschlossen lösen (vgl. z. B. *Pucher*[1]); bei Einführung der Randbedingungen

$$N_\vartheta|_{\vartheta=\pm0{,}5}=0$$

und

$$N_\varphi|_{\varphi=\pm0{,}5}=0$$

ergibt sich

$$\frac{\Phi}{p}=-\frac{L}{2l}\vartheta^2-\frac{L}{2l}\frac{f}{D}\varphi^2+C_1^*\frac{\mathfrak{Cof}\,\pi\sqrt{\frac{D}{f}}\,\vartheta}{\mathfrak{Cof}\,\pi\sqrt{\frac{D}{f}}\,0{,}5}\cos\pi\varphi+C_5^*\frac{\mathfrak{Cof}\,\pi\sqrt{\frac{f}{D}}\,\varphi}{\mathfrak{Cof}\,\pi\sqrt{\frac{f}{D}}\,0{,}5}\cos\pi\vartheta$$

$$+\sum_n C_{1\,\mathrm{I}}^*\,e^{n\pi\sqrt{\frac{D}{f}}(|\vartheta|-0{,}5)}\cos n\pi\varphi+\sum_n C_{5\,\mathrm{I}}^*\,e^{n\pi\sqrt{\frac{f}{D}}(|\varphi|-0{,}5)}\cos n\pi\vartheta.\tag{19}$$

[1] *A. Pucher*, Beton u. Eisen 33 (1934) S. 298; Bauing. 18 (1937) S. 118.

Für die Konstanten gilt

$$\left.\begin{aligned} C_1^* &= \left[\frac{L}{8\,l}\left(1+\frac{f}{D}\right)\right]\left(\frac{4}{\pi}-1\right)+\frac{L}{8\,l},\\ C_5^* &= \left[\frac{L}{8\,l}\left(1-\frac{f}{D}\right)-\frac{1}{4}\frac{l\,D}{L\,f}-\frac{L\,l}{64\,f\,D}\right]\left(\frac{4}{\pi}-1\right)-\left(\frac{1}{8}\frac{f\,L}{l\,D}+\frac{L\,l}{64\,f\,D}\right),\\ C_{\frac{1}{n}\mathrm{I}}^* &= +\frac{4}{n\,\pi}\,\frac{L}{8\,l}\left(1+\frac{f}{D}\right),\\ C_{\frac{5}{n}\mathrm{I}}^* &= +\frac{4}{n\,\pi}\left[\frac{L}{8\,l}\left(1-\frac{f}{D}\right)-\frac{1}{4}\frac{l\,D}{L\,f}-\frac{L\,l}{64\,f\,D}\right]. \end{aligned}\right\} \tag{20}$$

Für die Vorzeichen der mit n behafteten Konstanten gilt

das vorhandene Vorzeichen für $n = 5, 9, \ldots$
das entgegengesetzte Vorzeichen für $n = 3, 7, \ldots$

Daraus ergeben sich die Schnittgrößen zu

$$N_\vartheta = +\,8\,f\sqrt{\frac{a_{11}}{a_{22}}}\,\Phi, \tag{21}$$

$$N_\varphi = -\left(8\,D\,\Phi+\frac{a}{8\,f\,L\,l}\,p\right)\sqrt{\frac{a_{22}}{a_{11}}}, \tag{22}$$

$$T = -\eta^{\cdot\cdot}\int \Phi'\,d\varphi\,. \tag{23}$$

Damit ist der Membranspannungszustand beschrieben.

Zur überschläglichen Berechnung interessieren die Schnittkräfte entlang der Ränder. Hierfür gilt am Rand $\vartheta = \pm\,0{,}5$:

$$N_\varphi = -\frac{a}{8\,f\,L\,l}\,p\sqrt{\frac{a_{22}}{a_{11}}},\qquad N_\varphi\big|_{\varphi=0} = -\frac{l^2}{8\,f\,L}\sqrt{L^2+16\,D^2}\,p,\qquad N_\vartheta \equiv 0\,. \tag{24}$$

am Rand $\varphi = \pm\,0{,}5$:

$$N_\vartheta = -\frac{a}{8\,D\,L\,l}\,p\sqrt{\frac{a_{11}}{a_{22}}},\qquad N_\vartheta\big|_{\vartheta=0} = -\frac{L^2}{8\,D\,l}\sqrt{l^2+16\,f^2}\,p,\qquad N_\varphi \equiv 0\,. \tag{25}$$

Für die Schubkräfte lassen sich auf Grund der Lösungen für Φ keine einfachen Formeln ableiten. Zur Berechnung ist es erforderlich, sämtliche Integrationskonstanten zu kennen.

Unter Berücksichtigung der Ergebnisse des Zahlenbeispiels läßt sich folgende grobe Näherung angeben:

$$T = T\Big|_{\substack{\vartheta=\pm\,0{,}5\\ \varphi=\pm\,0{,}5}}\frac{1}{\operatorname{tg} 82^\circ}\operatorname{tg}(\Theta\,\pi),\qquad \text{wobei}\qquad \Theta \leqq 0{,}375\,. \tag{26}$$

Der Eckwert ergibt sich nach *Csonka*[1] mit einem Korrekturfaktor (Erfahrungswert) von 2,0 zu

$$T\Big|_{\substack{\vartheta=\pm\,0{,}5\\ \varphi=\pm\,0{,}5}} \approx 2\cdot 0{,}693\cdot 2{,}0\,\frac{0{,}5\,L\;0{,}5\,l}{f+D}\,p$$

oder

$$T \approx 0{,}7\,\frac{L\,l}{f+D}\,p\,. \tag{27}$$

Diese sehr grobe Näherung muß an Hand anderer Zahlenbeispiele noch überprüft werden.

3. Formänderungszustand. Der Verschiebungsvektor $\mathfrak{v}$ eines Punktes der Schalenmittelfläche sei

$$\mathfrak{v} = u\,\mathfrak{i}_1 + v\,\mathfrak{i}_2 + w_0\,\mathfrak{a}_3\,, \tag{28}$$

worin u, v, w_0 seine Komponenten in Richtung der Koordinatenachsen $\mathfrak{i}_1$, $\mathfrak{i}_2$ und der Flächennormalen sind. Der Vektor $\mathfrak{a}_3$ ist der Normalenvektor der Mittelfläche [siehe (6)]. Für die kovarianten Maßzahlen des Verzerrungstensors gilt nach *Zerna*

$$\alpha_{11} = \mathfrak{a}_1\cdot\mathfrak{v}',\qquad \alpha_{22} = \mathfrak{a}_2\cdot\mathfrak{v}^{\cdot},\qquad 2\,\alpha_{12} = 2\,\alpha_{21} = \mathfrak{a}_1\cdot\mathfrak{v}^{\cdot} + \mathfrak{a}_2\cdot\mathfrak{v}'\,. \tag{29}$$

Zur Lösung der im folgenden behandelten Fragen (Eckproblem, Randstörungen) ist es erforderlich, eine Aussage über w_0 entlang der Ränder zu machen.

[1] *P. Csonka*, Acta Technica Hung. 10 (1955) S. 59; Acta Technica Hung. 11 (1955) S. 231.

Nach *Zerna*[1] gilt

$$w_0|_{\varphi=\pm 0,5} = -\frac{\alpha_{11} - L u'}{b_{11}}, \qquad w_0|_{\vartheta=\pm 0,5} = -\frac{\alpha_{22} - l v'}{b_{22}}. \tag{30}$$

Für u' und $v^{\cdot}$ werde vereinbart, daß das Randglied eine Verschiebung der Schale am Rand in u- bzw. v-Richtung verhindert; es gilt demnach

$$u|_{\varphi=\pm 0,5} = u'|_{\varphi=\pm 0,5} = 0, \qquad v|_{\vartheta=\pm 0,5} = v^{\cdot}|_{\vartheta=\pm 0,5} = 0. \tag{31}$$

Daraus ergibt sich

$$w_0|_{\varphi=\pm 0,5} = -\frac{\alpha_{11}}{b_{11}}, \qquad w_0|_{\vartheta=\pm 0,5} = -\frac{\alpha_{22}}{b_{22}}. \tag{32}$$

Das Elastizitätsgesetz bleibt in seiner allgemeinen Form erhalten[2]:

$$E t \alpha_{\alpha\beta} = H_{\alpha\beta\varrho\lambda} N^{\alpha\beta}, \tag{33}$$

wobei

$$H_{\alpha\beta\varrho\lambda} = \frac{1}{2}\left[a_{\alpha\lambda} a_{\beta\varrho} + a_{\alpha\varrho} a_{\beta\lambda} - \mu\left(\varepsilon_{\alpha\lambda}\varepsilon_{\beta\varrho} + \varepsilon_{\alpha\varrho}\varepsilon_{\beta\lambda}\right)\right]$$

mit

$$\varepsilon_{12} = -\varepsilon_{21} = \sqrt{a}, \qquad \varepsilon_{11} = \varepsilon_{22} = 0,$$

oder umgeschrieben

$$\left.\begin{aligned} E t \sqrt{a}\,\alpha_{11} &= (a_{11})^2 \bar{N}_\vartheta + 2 a_{11} a_{12} T + [(a_{12})^2 - \mu a] \bar{N}_\varphi, \\ E t \sqrt{a}\,\alpha_{12} &= a_{11} a_{12} \bar{N}_\vartheta + [(a_{12})^2 + a_{11} a_{22} + \mu a] T + a_{12} a_{22} \bar{N}_\varphi, \\ E t \sqrt{a}\,\alpha_{22} &= [(a_{12})^2 - \mu a] \bar{N}_\vartheta + 2 a_{12} a_{22} T + (a_{22})^2 \bar{N}_\varphi. \end{aligned}\right\} \tag{34}$$

Damit ist der Formänderungszustand, wie er für die Behandlung der in dieser Arbeit behandelten Probleme benötigt wird, beschrieben.

4. Eckproblem. An den vier Ecken der Schale zeigt sich eine eigentümliche Singularität, auf die *Flügge*[3] bereits hingewiesen hat. Die vorgeschriebenen Randbedingungen können nicht erfüllt werden. Am Rand $\vartheta = \pm 0,5$ soll $N_\vartheta = 0$ sein. Aus der Gleichgewichtsbedingung folgt, daß $N_\varphi \neq 0$ ist. Betrachten wir die Ecke $\vartheta = \pm 0,5$, $\varphi = \pm 0,5$, die zu beiden Rändern gehört, so ist ersichtlich, daß hier ein Widerspruch besteht.

Die Lösung der Differentialgleichung ergibt in den Ecken bestimmte Größen für die Normalkräfte, also nicht Null. Das liegt daran, daß der Teil der Lösung, der aus *Fourier*-Reihen besteht, eben in den Ecken zu Null wird und somit die partikuläre Lösung nicht mehr beeinflussen kann.

Für die Schubkräfte ergeben sich in den Ecken unendlich große Werte, da die *Fourier*-Entwicklung, wie aus Gleichung (23) ersichtlich, wegen der sin-Glieder nicht konvergiert.

Dies ist auch richtig, da die Schale den in den Eckpunkten auftretenden Konflikt zwischen der Differentialgleichung und den eingeführten Randbedingungen so löst, daß sie hier die Last mit unendlich großen Schubkräften an unendlich kleinem Kontingenzwinkel trägt; die beiden Druckgewölbe sind infolge $N_\vartheta = N_\varphi = 0$ nicht in der Lage, die örtliche Last zu tragen, während sie es unmittelbar neben dem Rande noch tun.

Bei der Untersuchung der quadratischen, doppeltsymmetrischen Translationsschale ergibt die Rechnung unterschiedliche Werte für die Normalkräfte in den Ecken, was im Gegensatz zur physikalischen Tatsache steht.

Für $p = 1$ gilt

$$\Phi = -0,25, \qquad N_\vartheta = +8 D \Phi = -2 D, \qquad N_\varphi = -\left(8 D \Phi + \frac{a}{8 D L^2}\right);$$

mit

$$a = L^4 + 32 L^2 D^2$$

ergibt sich

$$N_\varphi = -\left(-2 D + \frac{L^2}{8 D} + 4 D\right) = -2 D - \frac{L^2}{8 D},$$

also

$$N_\vartheta \neq N_\varphi.$$

---

[1] *W. Zerna*, Österr. Ing.-Arch. 7 (1953) S. 181.

[2] *Green-Zerna*, Theoretical Elasticity, Oxford 1954.

[3] *W. Flügge*, Das Relaxationsverfahren in der Schalenstatik, Federhofer-Girkmann-Festschrift, Wien 1950, S. 17.

Es wird daher zur Klärung der Verhältnisse in den Ecken vorgeschlagen, den Bereich, in dem die *Fourier*-Lösung keine richtigen Ergebnisse bringen kann, getrennt zu behandeln und den Formänderungszustand mit heranzuziehen.

Für die Durchbiegung w_0 entlang der Ränder gilt unter Berücksichtigung von (32) und (34) und $\mu = 0$

am Rand $\vartheta = +0{,}5$:

$$E\, w_0|_{\vartheta=+0,5} = -\frac{1}{8\,L\,l\,f\,t}\left[(a_{12})^2\,\overline{N}_\vartheta + 2\,a_{12}\,a_{22}\,T + (a_{22})^2\,\overline{N}_\varphi\right],$$

am Rand $\varphi = +0{,}5$:

$$E\, w_0|_{\varphi=+0,5} = -\frac{1}{8\,L\,l\,D\,t}\left[(a_{11})^2\,\overline{N}_\vartheta + 2\,a_{11}\,a_{12}\,T + (a_{12})^2\,\overline{N}_\varphi\right]. \qquad (35)$$

Auch hieraus ist ersichtlich, daß die Schubkraft einen endlichen Wert aufweisen muß, um den physikalischen Verhältnissen Rechnung zu tragen, da für $T = \infty$ auch $w_0 = \infty$, was nicht möglich ist.

Zur Lösung des Problems wird w_0 entlang des Randes (z. B. $\vartheta = 0{,}5$) graphisch aufgetragen und unter Voraussetzung gleicher Gesetzmäßigkeit sinnvoll bis zur Ecke $\varphi = +0{,}5$ verlängert; die sich aus der graphischen Auftragung ergebende Durchbiegung in den Ecken werde mit $\overline{w}$ bezeichnet.

Als weitere Bedingung, die für die Berechnung der Schnittgrößen benötigt wird, gilt die Tatsache, daß w in der Ecke gleich groß sein muß, unabhängig davon, ob diese als zum Rand $\vartheta = +0{,}5$ oder $\varphi = +0{,}5$ gehörig angesehen wird.

Unter Berücksichtigung dieser Bedingungen (also T ein endlicher Wert, Ermittlung von w aus der graphischen Auftragung an beiden Rändern, und $w_0|_\vartheta = w_0|_\varphi$ für die gemeinsame Ecke) lassen sich die Schnittkräfte in den Ecken eindeutig bestimmen. Es gilt demnach

$$w_0|_{\vartheta=\pm 0,5} = w_1(\overline{N}_\vartheta, T, \overline{N}_\varphi) = \overline{w}, \qquad w_0|_{\varphi=\pm 0,5} = w_2(\overline{N}_\vartheta, T, \overline{N}_\varphi) = \overline{w} \qquad (36)$$

aus graphischer Auftragung.

Außerdem ergibt sich aus der Gleichgewichtsbedingung (15.3)

$$\overline{N}_\varphi = f(\overline{N}_\vartheta). \qquad (37)$$

Man erhält somit zwei Gleichungen mit den beiden Unbekannten T und $\overline{N}_\vartheta$, womit das Problem gelöst ist.

Für die Schnittkräfte ergibt sich

$$\overline{N}_\vartheta\,(\bar{n}_1\,\bar{t}_2 - \bar{n}_2\,\bar{t}_1) = \overline{w}_1\,\bar{t}_2 - \overline{w}_2\,\bar{t}_1, \qquad (38)$$

$$T\,(\bar{n}_2\,\bar{t}_1 - \bar{n}_1\,\bar{t}_2) = \overline{w}_1\,\bar{n}_2 - \overline{w}_2\,\bar{n}_1, \qquad (39)$$

wobei

$$\begin{aligned} \overline{w}_1 &= (a_{22})^2\,\frac{a}{8\,L\,l\,f}\,p - 8\,E\,\overline{w}\,L\,l\,t\,f, & \overline{w}_2 &= (a_{12})^2\,\frac{a}{8\,L\,l\,f}\,p - 8\,E\,\overline{w}\,L\,l\,t\,D,\\ \bar{n}_1 &= (a_{12})^2 - \frac{D}{f}\,(a_{22})^2, & \bar{n}_2 &= (a_{11})^2 - \frac{D}{f}\,(a_{12})^2,\\ \bar{t}_1 &= 2\,a_{12}\,a_{22}, & \bar{t}_2 &= 2\,a_{11}\,a_{12}. \end{aligned} \qquad (40)$$

5. Randstörungen. Längs der Ränder einer Schale lassen sich mit Hilfe der Membrantheorie im allgemeinen nicht alle gewünschten Randbedingungen erfüllen, so daß die längs ihrer Ränder beanspruchte, im übrigen aber unbelastete Schale untersucht werden muß.

Es werde ein Rand $\vartheta = \vartheta_0$ betrachtet. Die Randstörungen, die von diesem Rand ausgehen, sind dadurch gekennzeichnet, daß die Größenordnung aller Funktionen, die diese Störung beschreiben, durch Differentiation nach ϑ zunimmt, durch Differentiation nach φ jedoch unverändert bleibt. Es können daher näherungsweise alle Funktionen außer denen mit den höchsten Ableitungen nach ϑ vernachlässigt werden. Hinsichtlich eines Randes $\varphi = \varphi_0$ gilt Entsprechendes.

Hierzu ist festzustellen, daß sich alle interessierenden Schnittgrößen (Abb. 4) in Abhängigkeit von der Verschiebung w darstellen lassen[1].

---

[1] Siehe Fußnote 2 von Seite 292.

Für den Rand $\vartheta = \vartheta_0$ gilt

$$n_{(11)} = +B\,\overset{(1)}{w}{}^{\prime\prime\cdot\cdot}\,\frac{a_{22}}{a\,b_{22}}\sqrt{\frac{a_{11}\,a_{22}}{a}}, \tag{41}$$

$$n_{(12)} = -B\,\overset{(1)}{w}{}^{\prime\prime\prime\cdot}\,\frac{(a_{22})^2}{a\,b_{22}}\,\frac{1}{\sqrt{a}}, \tag{42}$$

$$n_{(22)} = -E\,t\,\overset{(1)}{w}\,\frac{b_{22}}{a_{22}}\sqrt{\frac{a}{a_{11}\,a_{22}}}. \tag{43}$$

$$m_{(11)} = 0, \tag{44}$$

$$m_{(21)} = +B\,\overset{(1)}{w}{}^{\prime\prime}\,\mu\,\frac{a_{22}}{a}, \tag{45}$$

$$m_{(12)} = -B\,\overset{(1)}{w}{}^{\prime\prime}\,\frac{a_{22}}{a}, \tag{46}$$

$$m_{(22)} = +B\,\overset{(1)}{w}{}^{\prime\prime}\,(1-\mu)\,\frac{a_{12}}{a}\sqrt{\frac{a_{22}}{a_{11}}}. \tag{47}$$

$$q_{(1)} = -B\,\overset{(1)}{w}{}^{\prime\prime\prime}\,\frac{a_{22}\sqrt{a_{22}}}{a\sqrt{a}}, \tag{48}$$

$$q_{(2)} = +B\,\overset{(1)}{w}{}^{\prime\prime\prime}\,\frac{a_{22}\,a_{21}}{a\sqrt{a\,a_{11}}}. \tag{49}$$

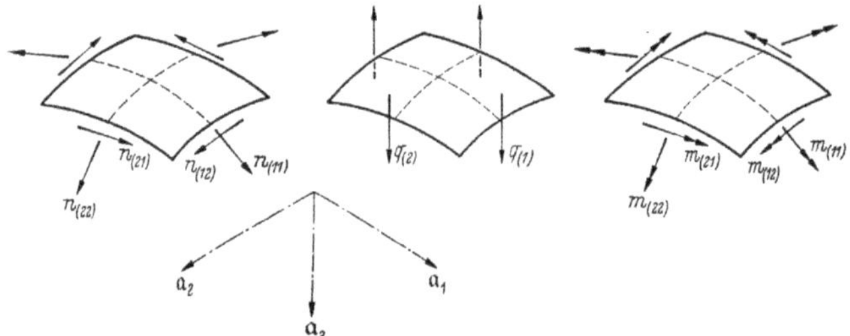

Abb. 4. Schnittgrößen der Translationsschale.

Für den Rand $\varphi = \varphi_0$ gilt

$$n_{(11)} = -E\,t\,\overset{(2)}{w}\,\frac{b_{11}}{a_{11}}\sqrt{\frac{a}{a_{11}\,a_{22}}}, \tag{50}$$

$$n_{(12)} = -B\,\overset{(2)}{w}{}^{\cdot\cdot\cdot\prime}\,\frac{(a_{11})^2}{a\,b_{11}}\,\frac{1}{\sqrt{a}}, \tag{51}$$

$$n_{(22)} = +B\,\overset{(2)}{w}{}^{\cdot\cdot\prime\prime}\,\frac{a_{11}}{a\,b_{11}}\sqrt{\frac{a_{11}\,a_{22}}{a}}. \tag{52}$$

$$m_{(11)} = -B\,\overset{(2)}{w}{}^{\cdot\cdot}\,(1-\mu)\,\frac{a_{12}}{a}\sqrt{\frac{a_{11}}{a_{22}}}, \tag{53}$$

$$m_{(21)} = +B\,\overset{(2)}{w}{}^{\cdot\cdot}\,\frac{a_{11}}{a}, \tag{54}$$

$$m_{(12)} = -B\,\overset{(2)}{w}{}^{\cdot\cdot}\,\mu\,\frac{a_{11}}{a}, \tag{55}$$

$$m_{(22)} = 0. \tag{56}$$

$$q_{(1)} = +B\,\overset{(2)}{w}{}^{\cdot\cdot\cdot}\,\frac{a_{11}\,a_{12}}{a\sqrt{a\,a_{22}}}, \tag{57}$$

$$q_{(2)} = -B\,\overset{(2)}{w}{}^{\cdot\cdot\cdot}\,\frac{a_{11}\sqrt{a_{11}}}{a\sqrt{a}}. \tag{58}$$

Nach *Zerna*[1] und *Green-Zerna*[2] läßt sich das Problem der Randstörungen auf eine Differentialgleichung für die Normalverschiebung w zurückführen. Für den Rand $\vartheta = \vartheta_0$ gilt

$$w'''' + 4\,k_\vartheta^4\,w = 0\,. \tag{59}$$

Darin ist

$$k_\vartheta^4 = \frac{3\,(1-\mu^2)}{t^2\,(a_{22})^4}\,(a\,b_{22})^2\,. \tag{60}$$

Die Lösung der Differentialgleichung läßt sich wesentlich vereinfachen, wenn für die Schalendicke t folgende Näherung eingeführt wird:

$$t = \frac{\sqrt{a}}{(a_{22})^2}\,L\,l\,\frac{\eta^{\cdot\cdot}}{y''}\,t_0\,. \tag{61}$$

Hierdurch erhält man

$$k_\vartheta^4 = \frac{3\,(1-\mu^2)}{t_0^2}\,(y'')^2 = \text{konst}\,. \tag{62}$$

Unter Berücksichtigung dieser Näherung gilt unter der Voraussetzung des schnellen Abklingens

$$\overset{(1)}{w} = +\,e^{-k_\vartheta\,\bar\vartheta}\,(C_1^*\cos k_\vartheta\,\bar\vartheta + C_2^*\sin k_\vartheta\,\bar\vartheta)\,. \tag{63}$$

Hier sind C_1^* und C_2^* beliebige Funktionen von φ.

Für den Rand $\varphi = \varphi_0$ gilt analog

$$t = \frac{\sqrt{a}}{(a_{11})^2}\,L\,l\,\frac{y''}{\eta^{\cdot\cdot}}\,t_0\,. \tag{64}$$

$$b_{11} = \frac{L\,l}{\sqrt{a}}\,y''\,,$$

$$k_\varphi^4 = \frac{3\,(1-\mu^2)}{t_0^2}\,(\eta^{\cdot\cdot})^2 = \text{konst.}\,, \tag{65}$$

$$\overset{(2)}{w} = e^{-k_\varphi\,\bar\varphi}\,(C_3^*\cos k_\varphi\,\bar\varphi + C_4^*\sin k_\varphi\,\bar\varphi)\,. \tag{66}$$

Hierbei zählen die mit einem Querstrich versehenen Koordinaten $\bar\vartheta$ und $\bar\varphi$ vom Rand her zum Nullpunkt hin.

Zur Lösung des Randstörungsproblems am Rand $\vartheta = \vartheta_0$ wird die Stelle $\varphi = 0$ betrachtet und angenommen, daß sich die Verformungen cos- bzw. sin-förmig verteilen; dies kann auf Grund des Verlaufes von w in erster Näherung angenommen werden (Abb. 5).

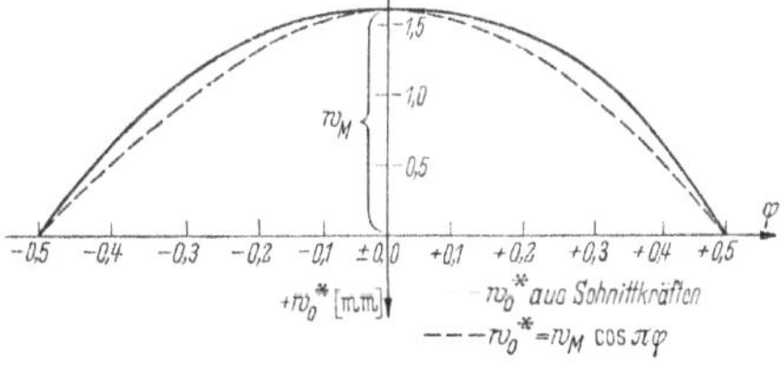

Abb. 5. Verlauf von w entlang des Randes $\vartheta = \vartheta_0 = \pm 0{,}5$.

Mit

$$C_1^* = C_1\,f_{(\varphi)}\,,\qquad C_2^* = C_2\,f_{(\varphi)} \tag{67}$$

und

$$\overset{(1)}{w} = w_\vartheta\cos\pi\,\varphi \tag{68}$$

gilt

$$w_\vartheta = +\,C_1\,e^{-k_\vartheta\,\bar\vartheta}\cos k_\vartheta\,\bar\vartheta + C_2\,e^{-k_\vartheta\,\bar\vartheta}\sin k_\vartheta\,\bar\vartheta\,. \tag{69}$$

Der Aufbau der Formeln für die verschiedenen Ableitungen von w_ϑ ist so, daß man allgemein für die Schnittgrößen Y_K und die Verformung $\overset{(1)}{w}$ schreiben kann

$$Y_K = f_{(\varphi)}\,\varkappa_\vartheta\,\{+\,C_1\,e^{-k_\vartheta\,\bar\vartheta}\,[+\,k_1\sin k_\vartheta\,\bar\vartheta + k_2\cos k_\vartheta\,\bar\vartheta] + C_2\,e^{-k_\vartheta\,\bar\vartheta}\,[-k_1\cos k_\vartheta\,\bar\vartheta + k_2\sin k_\vartheta\,\bar\vartheta]\}\,. \tag{70}$$

Die Werte $f_{(\varphi)}$, sowie $\varkappa_\vartheta$ und $k_{1,2}$ können für die einzelnen Schnittgrößen angegeben und in einer Übersicht zusammengestellt werden (siehe Tabelle 1).

Zur Ermittlung der Konstanten C_i müssen die Klaffungen (d. i. die Differenz aus den Verformungen der Schale am Rande und denjenigen des entsprechenden Randträgers) zu Null werden.

Die sich aus den Einheitsbelastungsfällen $C_i = 1$ ergebenden Schnittkräfte der Schale werden als Belastung des Randträgers aufgefaßt und die sich hieraus ergebenden Verformungen ermittelt.

[1] Siehe Fußnote 1 von Seite 292.
[2] Siehe Fußnote 2 von Seite 292.

Tabelle 1. *Übersicht Rand* $\vartheta = \vartheta_0$

Y_K	$f_{(w)}$	$f_{(\varphi)}$	$\varkappa_\vartheta$	k_1	k_2
w	w	$+\cos\pi\varphi$	$+1{,}0$	0	$+1{,}0$
$\frac{\partial w}{\partial\vartheta}$	w'	$+\cos\pi\varphi$	$+k_\vartheta$	$+1{,}0$	$+1{,}0$
$n_{(11)}$	$w'^{\cdot\cdot}$	$-\pi^2\cdot\cos\pi\varphi$	$+\frac{E\,t^2\sqrt{3\,(1-\mu^2)}}{6\,(1-\mu^2)}$	$+\frac{1}{\sqrt{a}}\sqrt{\frac{a_{11}}{a_{22}}}$	0
$n_{(12)}$	$w'''^{\cdot}$	$-\pi\cdot\sin\pi\varphi$	$-\frac{E\,t^2\left[\sqrt[4]{3\,(1-\mu^2)}\right]^3}{6\,(1-\mu^2)\sqrt{t}}\sqrt{L\,l\,\eta^{\cdot\cdot}}$	$+\frac{1}{a_{22}}\frac{1}{\sqrt[4]{a}}$	$-\frac{1}{a_{22}}\frac{1}{\sqrt[4]{a}}$
$\frac{\partial n_{(12)}}{\partial\varphi}$	$w'''^{\cdot\cdot}$	$-\pi^2\cdot\cos\pi\varphi$			
$n_{(22)}$	w	$+\cos\pi\varphi$	$-E\,t\,L\;l\,\eta^{\cdot\cdot}$	0	$+\frac{1}{a_{22}}\sqrt{\frac{1}{a_{11}\,a_{22}}}$
$m_{(11)}$	0				
$m_{(21)}$	w''	$+\cos\pi\varphi$	$+\frac{E\,t^2\sqrt{3\,(1-\mu^2)}}{6\,(1-\mu^2)}L\,l\,\eta^{\cdot\cdot}$	$+\frac{\mu}{\sqrt{a}\;a_{22}}$	0
$m_{(12)}$	w''	$+\cos\pi\varphi$	$-\frac{E\,t^2\sqrt{3\,(1-\mu^2)}}{6\,(1-\mu^2)}L\,l\,\eta^{\cdot\cdot}$	$+\frac{1}{\sqrt{a}\;a_{22}}$	0
$m_{(22)}$	w''	$+\cos\pi\varphi$	$+\frac{E\,t^2\sqrt{3\,(1-\mu^2)}}{6\,(1-\mu^2)}L\,l\,\eta^{\cdot\cdot}$	$+(1-\mu)\frac{1}{\sqrt{a}}\frac{a_{12}}{a_{22}}\frac{1}{\sqrt{a_{11}\,a_{22}}}$	0
$q_{(1)}$	w'''	$+\cos\pi\varphi$	$-\frac{E\,t^2\left[\sqrt[4]{3\,(1-\mu^2)}\right]^3}{6\,(1-\mu^2)\sqrt{t}}L\,l\,\eta^{\cdot\cdot}\sqrt{L\,l\,\eta^{\cdot\cdot}}$	$+\frac{1}{a_{22}}\frac{1}{\sqrt{a\;a_{22}}}\frac{1}{\sqrt[4]{a}}$	$-\frac{1}{a_{22}}\frac{1}{\sqrt{a\;a_{22}}}\frac{1}{\sqrt[4]{a}}$
$q_{(2)}$	w'''	$+\cos\pi\varphi$	$+\frac{E\,t^2\left[\sqrt[4]{3\,(1-\mu^2)}\right]^3}{6\,(1-\mu^2)\sqrt{t}}L\,l\,\eta^{\cdot\cdot}\sqrt{L\,l\,\eta^{\cdot\cdot}}$	$+\frac{a_{21}}{(a_{22})^2}\frac{1}{\sqrt{a\;a_{11}}}\frac{1}{\sqrt[4]{a}}$	$-\frac{a_{21}}{(a_{22})^2}\frac{1}{\sqrt{a\;a_{11}}}\frac{1}{\sqrt[4]{a}}$

(The values of $\varkappa_\vartheta$, k_1 and k_2 printed for $n_{(12)}$ apply jointly, by a brace, to $n_{(12)}$ and $\frac{\partial n_{(12)}}{\partial\varphi}$.)

Als rechte Seiten des sich aus diesen Überlegungen ergebenden Gleichungssystems müssen die Verformungen der Schale unter Eigengewicht (Membranzustand) und die Verformungen des Randträgers infolge der Membrankräfte der Schale und seines Eigengewichtes berücksichtigt werden.

Um schnell zu einem anschaulichen Ergebnis zu gelangen, erscheint es angebracht, zwei Sonderfälle zu untersuchen. Hierfür werden folgende Annahmen gemacht:

a) Der Randträger sei ideal starr, d. h.

$$w \equiv 0\,, \qquad \frac{\partial w}{\partial \bar{\vartheta}} \equiv 0\,.$$

b) Für den Membranzustand sei $\partial w/\partial \bar{\vartheta}$ der Schale an der Stelle $\vartheta = \pm\,0{,}5$, $\varphi = 0$ vernachlässigbar klein.

Für den Sonderfall der Einspannung ergibt sich folgende Matrix:

		$C_1 = 1$	$C_2 = 1$	Membranzustand
w	Schale	$+1{,}0$	0	$-w_M$*
	Träger	0	0	0
	Δ	$+1{,}0$	0	$-w_M$
$\dfrac{\partial w}{\partial \bar{\vartheta}}$	Schale	$+k_\vartheta$	$-k_\vartheta$	0
	Träger	0	0	0
	Δ	$+k_\vartheta$	$-k_\vartheta$	0

* Über die Bedeutung von w_M vgl. Gleichung (80) und Bild 5.

Es ist sofort zu sehen, daß

$$C_1 = -\,w_M \quad \text{und} \quad C_2 = +\,C_1 \tag{71}$$

sind. Damit vereinfacht sich Gleichung (70) zu

$$Y^E = f(\varphi)\,\varkappa_\vartheta\,C_1\,e^{-k_\vartheta \bar{\vartheta}}\,[+\,(k_1 + k_2)\sin k_\vartheta\,\bar{\vartheta} + (k_2 - k_1)\cdot\cos k_\vartheta\,\bar{\vartheta}]\,. \tag{72}$$

Für das Quermoment gilt

$$M_\vartheta^E = -\,w_M\,\varkappa_\vartheta\,k_1\,e^{-k_\vartheta \bar{\vartheta}}\,(\sin k_\vartheta\,\bar{\vartheta} - \cos k_\vartheta\,\bar{\vartheta})\,. \tag{73}$$

An der Stelle $\vartheta = \pm\,0{,}5$, $\varphi = 0$ ergibt sich

$$M_\vartheta^0 = -\,w_M\,\frac{E\,t^2\,\sqrt{3}\,L\,l\,\eta''}{6}\,\frac{1}{\sqrt{a}\,a_{22}} = -\,w_M\left[2{,}31\,\frac{E\,t^2\,L\,f}{l^2\,\sqrt{L^2 + 16\,D^2}}\right]. \tag{74}$$

Damit kann abgeschätzt werden, bei welcher Größenordnung von w_M das Quermoment so groß wird, daß es bei der Bemessung berücksichtigt werden muß.

Der andere Größtwert des Quermomentes liegt bei $\bar{\vartheta}^E = \pi/2\,k_\vartheta$ und beträgt

$${}_{max}M_\vartheta^E = -\,w_M\,\varkappa_\vartheta\,k_1\,e^{-\pi/2}\sin\frac{\pi}{2} \approx -\frac{1}{5}\,M_\vartheta^0\,. \tag{75}$$

Für den Sonderfall Gelenk ergibt sich nach Auflösung der Matrix

$$Y^G = f_{(\varphi)}\,\varkappa_\vartheta\,C_1\,e^{-k_\vartheta \bar{\vartheta}}\,(k_1\sin k_\vartheta\,\bar{\vartheta} + k_2\cos k_\vartheta\,\bar{\vartheta})\,, \tag{76}$$

$$M_\vartheta^G = -\,w_M\,\varkappa_\vartheta\,k_1\,e^{-k_\vartheta \bar{\vartheta}}\sin k_\vartheta\,\bar{\vartheta}\,. \tag{77}$$

Das größte Quermoment beträgt hierbei etwa $-\frac{1}{3}\,M_\vartheta^0$ und liegt bei $\bar{\vartheta}^G = \frac{\pi}{4\,k_\vartheta}$.

Es darf noch erwähnt werden, daß die Dehnungen ε am Schalenanschnittspunkt bei Schale und Randträger übereinstimmen müssen. Bei Untersuchung der angeführten Sonderfälle ergibt sich folgendes:

	C_1	C_2	Membranzustand
w (Schale)	$+1{,}0$	0	$-w_M$
$n_{(22)} = N_\varphi = \varepsilon\cdot t$ (Schale)	$\varkappa_\vartheta(+k_2)$	$-k_1 = 0$	$-N_{\varphi M}$

Es zeigt sich, daß C_1 beide Gleichungen erfüllt [vgl. (32) und (34)].

Aus der ersten Gleichung folgt

$$C_1 = -w_M = +\frac{\alpha_{22}}{b_{22}} = \frac{(a_{22})^2}{E\,t\,\sqrt{a}}\,\bar{N}_{\varphi_M}\,\frac{\sqrt{a}}{L\,l\,\eta^{\cdot\cdot}} = \frac{1}{E\,t\,L\,l\,\eta^{\cdot\cdot}}\,(a_{22})^2\sqrt{\frac{a_{11}}{a_{22}}}\,N_{\varphi_M}$$

$$= +\frac{a_{22}\sqrt{a_{11}\,a_{22}}}{E\,t\,L\,l\,\eta^{\cdot\cdot}}\,N_{\varphi_M} = -\frac{1}{\varkappa_\vartheta\,(+k_2)}\,N_{\varphi_M}\,.$$

Damit ist die zweite Gleichung erfüllt.

Die endgültigen Schnittkräfte sind dann

$$n_{(\alpha\,\beta)} = n^M_{(\alpha\,\beta)} + n^R_{(\alpha\,\beta)}\,, \tag{78}$$

z. B.

$$n_{(11)} = N_\vartheta + n^R_{(11)}\,.$$

6. Zahlenbeispiel. Die Berechnung der Schnittkräfte des Membranzustandes bereitet keine Schwierigkeit; als Beispiel wird der Verlauf von N_φ am Rand $\vartheta = \vartheta_0$ angegeben (Abb. 6). Abmessungen: $L = 27{,}50$ m; $l = 21{,}26$ m; $D = 3{,}34$ m; $f = 1{,}95$ m; $t = 6$ cm; $p = 0{,}35$ t/m².

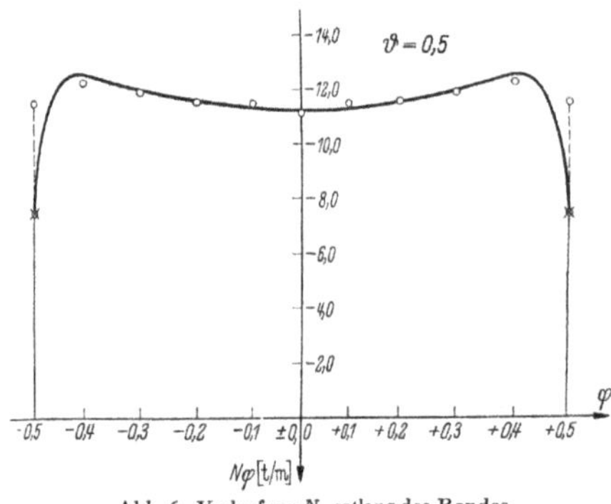

Abb. 6. Verlauf von N_φ entlang des Randes $\vartheta = \vartheta_0 = \pm 0{,}5$.

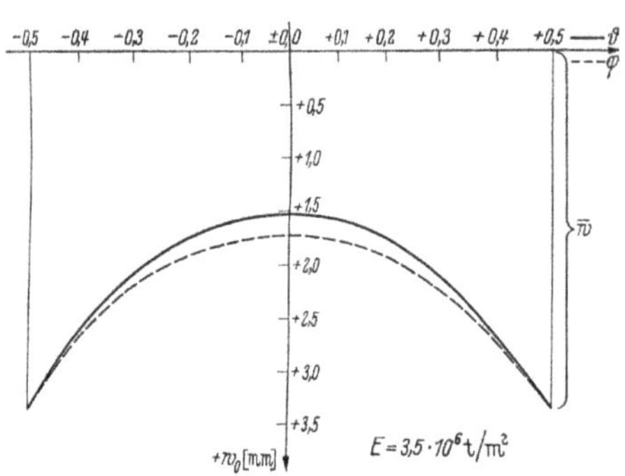

Abb. 7. Verlauf von w entlang beider Ränder (sinnvolle Verlängerung bis in die Ecken).

Der Verlauf der nach Gleichung (32) unter Benutzung von Gleichung (34) berechneten Verschiebung w_0 ist aus der graphischen Darstellung Abb. 7 ersichtlich. Hieraus ergab sich der Wert für $\bar{w}$ in den Ecken, welcher der Berechnung der Schnittgrößen in den Ecken zugrunde gelegt wurde.

Es ist

$$\bar{w} = w_0\Big|_{\substack{\vartheta = \pm 0{,}5\\ \varphi = \pm 0{,}5}}\,. \tag{79}$$

Für die Berechnung der Randstörungen gilt (vgl. auch Abb. 5)

$$w_M = w_0^*\Big|_{\substack{\vartheta = \pm 0{,}5\\ \varphi = 0}}\,, \tag{80}$$

wobei

$$w_0^* = w_0 - \bar{w}$$

ist.

Den Berechnungen für die Randstörungen wurde die Übersicht Tabelle 1 zugrunde gelegt und die beiden angeführten Sonderfälle behandelt; der besonders interessierende Verlauf des Quermomentes ist in Abb. 8 dargestellt. In der Tabelle 2 sind die Ergebnisse zusammengefaßt.

Aus Abb. 9 ist ersichtlich, daß die eingeführte Veränderlichkeit die Schalendicke t in vertretbaren Grenzen gegenüber der konstanten Dicke der Membrantheorie variieren läßt. Außerdem zeigen die Ergebnisse, daß durch die Lösung diejenige Randbedingung nicht beeinflußt wird, welche durch die Membrantheorie erfüllt worden ist, also $n_{(11)} = N_\vartheta = 0$ entlang des Randes. Über $n_{(22)} = N_\varphi$ macht die Membrantheorie für diesen Rand keine einschränkende Aussage, so daß die Randstörung diese Größe beeinflussen kann, was auch tatsächlich der Fall ist.

Wie man leicht zeigen kann, beträgt das Größenordnungsverhältnis $\left(\frac{\partial w}{\partial \vartheta}\right) / w$ für das Zahlenbeispiel, für Einspannung etwa $\frac{100}{5,7} = 17,5$ und für Gelenk etwa $\frac{158}{5,7} = 27,7$, während das Verhältnis $(\partial w / \partial \varphi) / w$ in beiden Fällen $\pi/1 = 3,14$ ausmacht.

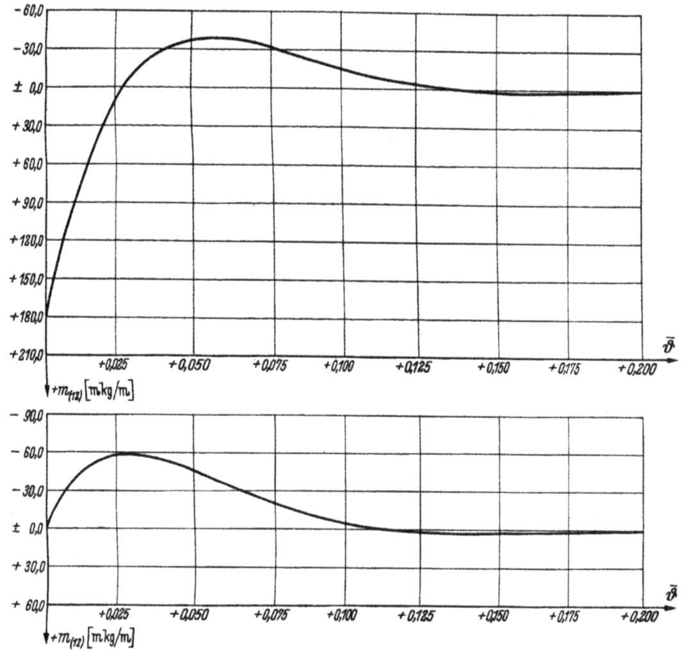

Abb. 8. Verlauf des Quermomentes bei Einspannung in den Randträger (oben) und gelenkigem Anschluß (unten).

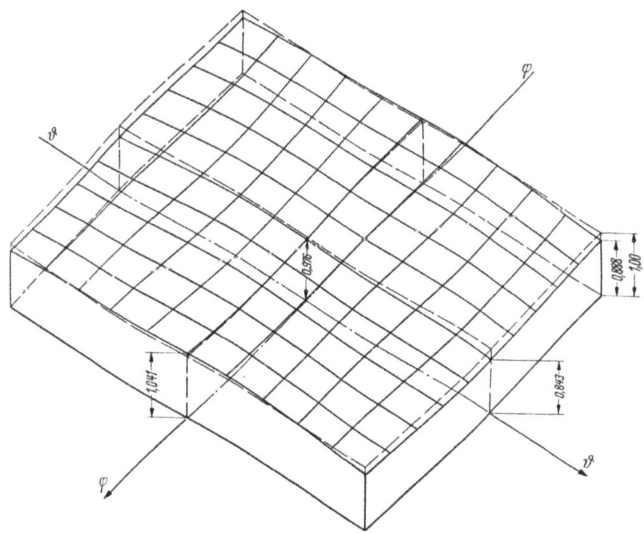

Abb. 9. Veränderliche Schalendicke t, aufgetragen über der Grundrißfläche der Schale.

Tabelle 2

Schnittgröße Dimension		Punkt $\vartheta = +0,5$	Membranzustand		Randstörungen Einsp.	Randstörungen Gelenk	Summe Einsp.	Summe Gelenk
$n_{11)} = N_\vartheta$ t/m		Mitte $\varphi = 0$ Ecke $\varphi = 0,5$	0 — 6,30		— 0,13 0	0 0	— 0,13 — 6,30	0 — 6,30
$n_{(12)} = T$ t/m		Mitte Ecke	0 — 27,3		0 + 1,65	0 + 0,83	0 — 25,65	0 — 26,47
$n_{(22)} = N_\varphi$ t/m		Mitte Ecke	— 11,27 — 7,4		— 10,56 0	— 10,56 0	— 21,83 — 7,4	— 21,83 — 7,4
w_0 mm	Ew_0^* bzw. Ew t/m	Mitte Ecke	+ 1,73 + 3,35	— 5670 0	+ 5670 0	+ 5670 0	0 0	0 0
$m_{(12)} = M_\vartheta$ mt/m		Mitte	0		+ 0,183	0	+ 0,183	0
$q_{(1)} = Q_\vartheta$ t/m		Mitte	0		+ 0,35	+ 0,17	+ 0,35	+ 0,17

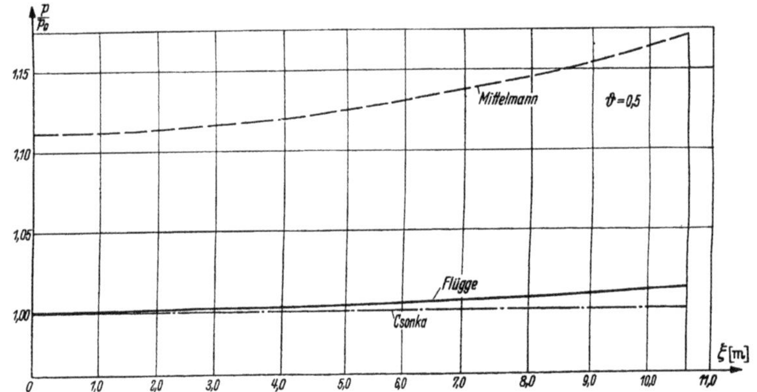

Abb. 10. Verschiedene Belastungsfunktionen entlang des Randes $\vartheta = \vartheta_* = \pm 0,5$.

Dieses die Voraussetzung befriedigend erfüllende Ergebnis ist abhängig von dem Wert k_ϑ, der im betrachtenden Beispiel 27,7 beträgt, also sehr groß ist und demnach auch die Randstörungen sehr schnell abklingen läßt, was ebenfalls angenommen worden war.

Der Vergleich mit anderen Berechnungsverfahren (z. B. *Flügge*[1] und *Csonka*[2] in bezug auf die geometrische Form, auf die Belastung und die sich daraus ergebenden Schnittkräfte ist sehr aufschlußreich. Für die Belastungsverteilung gilt z. B. nach *Flügge*

$$\frac{p}{p_0} = \frac{1}{\sqrt{1 - \sin^2\vartheta \sin^2\varphi}}$$

(ϑ und φ sind hier Öffnungswinkel), nach *Csonka*

$$\frac{p}{p_0} = 1$$

nach *Mittelmann*

$$\frac{p}{p_0} = \frac{\sqrt{a}}{L\,l}.$$

[1] *W. Flügge*, Statik und Dynamik der Schalen, S. 99, Berlin 1934.
[2] Siehe Fußnote 2 von Seite 291.

Die graphische Auftragung dieser Funktionen entlang des Randes $\vartheta = 0{,}5$ zeigt Abb. 10. Der Verlauf der Schnittkraft $N\varphi$ ist für die Schnitte $\vartheta = 0$ und $\vartheta = 0{,}5$ in Abb. 11 dargestellt.

Eine Untersuchung des Formänderungszustandes und des Einflusses von Randstörungen ist nicht möglich, da deren Beschreibung hier erstmals praktisch durchgeführt wurde.

Eine ausführliche Gegenüberstellung der bisher bekannten Berechnungsverfahren (u. a. *Pucher*[1], *Tungl*[2], *Salvadori*[3]) dürfte weitere aufschlußreiche Ergebnisse zeitigen.

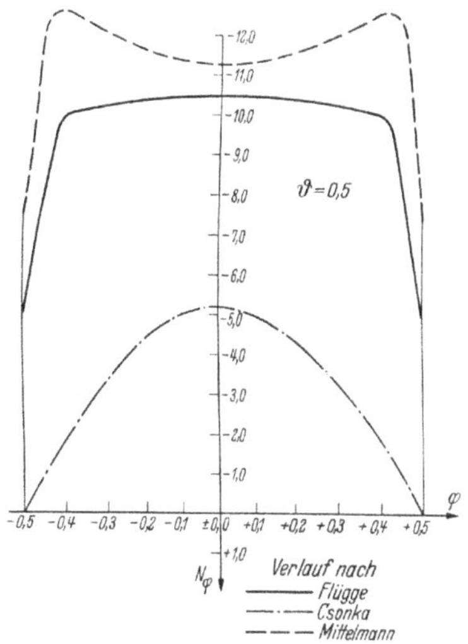

Abb. 11. Verlauf von N_φ entlang des Randes $\vartheta = \vartheta_0 = \pm 0{,}5$. — Vergleich zwischen verschiedenen Berechnungsverfahren.

7. Schlußbetrachtung. Die bisher bekannten Berechnungsmethoden für Translationsschalen befriedigen nicht in allen Teilen; einmal wegen ihres erheblichen Rechenaufwandes, zum anderen wegen ihrer Unvollständigkeit in bezug auf den Formänderungszustand und das Randstörungsproblem. Mit der vorliegenden Arbeit ist versucht worden, einen neuen Weg zur Berechnung dieser Schalenform aufzuzeigen, dessen Gleichungen und Ergebnisse sowohl alle Gleichgewichts- als auch die Formänderungsbedingungen erfüllen. Dies konnte durch die Einführung verschiedener Näherungen erreicht werden, deren berechtigte Verwendung nachgewiesen wurde. Ein Vergleich mit den anderen Verfahren ergibt wissenswerte Aufschlüsse und zeigt die Zweckmäßigkeit der angewandten Methode. Außerdem ist es nunmehr möglich, die Größe der durch das Randstörungsproblem auftretenden Schnittgrößen zu berechnen und ihren Auswirkungsbereich zu ermitteln, so daß auch Ausführungen mit schwierigen Randgliedausbildungen damit der Berechnung zugänglich werden.

(Eingegangen am 14. November 1957.)

Anschrift des Verfassers: Dipl.-Ing. *Goswin Mittelmann*, Frankfurt (Main), Ziegenhainerstraße 89.

[1] Siehe Fußnote 1 von Seite 290.
[2] *E. Tungl*, Österr. Ing. Arch. 10 (1956) S. 308; Österr. Bauz. 11 (1956) S. 274.
[3] *M. G. Salvadori*, ACI Proceedings 52 (1956) S. 1099.

V/12/6 0,075 (KB./Z. 040)

L e b e n s l a u f

Am 15. Dezember 1923 wurde ich als Sohn des Bankdirektors Eduard Mittelmann in Frankfurt am Main evangelischen Bekenntnisses geboren. Nach vier Grundschuljahren besuchte ich ab 1934 die Höchster Oberschule für Jungen. Vor meiner Einberufung zum Wehrdienst legte ich im März 1942 meine Reifeprüfung ab. Nach meiner Entlassung im Juni 1945 absolvierte ich meine Praktikantenzeit und begann im Frühjahr 1946 mein Studium als Bauingenieur an der Technischen Hochschule in Darmstadt, wo ich 1949 die Vorprüfung und 1952 die Hauptprüfung ablegte. Vom Sommersemester 1947 bis 1949 war ich Hilfsassistent beim Lehrstuhl für Strömungslehre (Professor Scheubel).

Nach Beendigung des Studiums trat ich in die Technische Abteilung der Firma Philipp Holzmann A.-G., Frankfurt, ein und wurde Anfang 1956 Mitarbeiter von Herrn Professor Dr.-Ing. H. Ebner, Essen, in dessen Ingenieurbüro ich zurzeit tätig bin.

23. 6. 1956

www.ingramcontent.com/pod-product-compliance
Ingram Content Group UK Ltd.
Pitfield, Milton Keynes, MK11 3LW, UK
UKHW021927190726
13853UKWH00002B/888
* 9 7 8 3 6 6 2 2 4 4 9 8 2 *